Début d'une série de documents
en couleur

N° 67 Prix : 10 centimes.

LE LIVRE POUR TOUS

MILLE ET UN MANUELS POPULAIRES

HYGIÈNE · DROIT · MINES · BEAUX-ARTS · MÉDECINE · PHYSIQUE · CHIMIE · HISTOIRE · CHASSE · PÊCHE · FINANCE · BOURSE · COMMERCE · MÉTIERS · SCIENCE

ARMÉE

LES MITRAILLEUSES & LES PIÈCES DE CAMPAGNE

L. BOULANGER, éditeur, 90, boul. Montparnasse, PARIS.

LE LIVRE POUR TOUS

Aujourd'hui un livre, quel qu'il soit, ne peut compter sur un grand succès durable que s'il est tellement *bon marché* que tout le monde puisse l'acheter sans compter, s'il est ***tellement intéressant*** et utile, que tout le monde dise : « *Je veux le lire, l'avoir et le garder.* »

Or il n'y a pas de livres d'un intérêt plus réel, d'une utilité **plus pratique** et plus constante que ceux qui fournissent des ***renseignements précis et complets*** sur ce que tout le monde **veut savoir et doit connaître.**

Mais ces livres d'information et de référence ne sont **vraiment bons** qu'à la condition d'être des guides toujours **sûrs**, des conseillers toujours prêts à répondre exactement **aux nombreuses questions** que l'on a sans cesse à résoudre. **Ils doivent être méthodiques**, exacts, clairs, faciles à manier, **commodes à emporter** partout avec soi. Ils doivent en **outre constituer** dans leur ensemble la meilleure et la plus **parfaite des encyclopédies**; et en même temps chacune de **leurs parties** doit former un tout distinct, de telle sorte que **celui qui veut** se contenter de cette partie unique y trouve **tout ce dont** il a besoin.

Un dictionnaire ne peut réunir ces avantages : s'il est **volumineux**, il est cher et par conséquent pas à la portée **de tous**; s'il est petit, il est restreint, et les articles en sont **nécessairement** écourtés, incomplets. De plus le dictionnaire renvoie d'un mot à l'autre, il ne peut se lire à la suite, **il contient** des redites. Les manuels, les traités sont évidemment plus utiles, mais ils sont d'ordinaire d'un prix élevé, surtout quand il s'agit de questions spéciales ou scientifiques ou techniques.

Nous avons pensé qu'il restait à créer une collection réunissant, à la fois, l'utilité des dictionnaires et celle des manuels, et d'un prix si minime que tout le monde puisse se la procurer.

Nous avons donné à cette collection un titre général disant d'un mot ce qu'elle est :

Le Livre pour tous, c'est-à-dire le livre indispensable à tout le monde, le livre auquel on doit avoir recours en toute occasion et qui mérite toute confiance.

Le Livre pour tous donne à tous les connaissances nécessaires à tous. Il est le vade-mecum de toute instruction pratique, le répertoire de toutes les sciences usuelles.

Le Livre pour tous est le livre de tous ceux qui travaillent, qui étudient, qui s'informent, qui veulent s'éclairer, c'est-à-dire tout le monde.

Ce qui distingue notre collection de toutes celles que l'on a publiées dans le même genre et ce qui fait sa supériorité sur toutes les compilations adressées aux lecteurs sous prétexte de vulgarisation, ce qui doit lui donner la préférence sur les dictionnaires et les manuels, c'est, nous le répétons :

1° Le *bon marché*. Chacun de nos volumes ne coûte que 10 centimes, et contient comme texte le tiers d'un volume ordinaire de 300 pages vendu 3 fr. 50 et même de 4 à 6 francs.

2° L'*abondance et l'exactitude des renseignements*. — Chacun de nos volumes est rédigé avec le plus grand soin par des auteurs compétents d'après les travaux les plus récents et les plus autorisés.

3° La *commodité du format*. — Chacun de nos volumes peut facilement tenir dans la poche, on peut l'emporter avec soi à la promenade, le lire en voiture, en omnibus, en chemin de fer.

4° La *clarté du texte*. — Les volumes sont imprimés en caractères neufs, lisibles sans fatigue, et les matières sont disposées de telle sorte que d'un coup d'œil on trouve ce que l'on cherche.

5° La *valeur documentaire*. — Chaque volume forme un tout; mais l'ensemble des volumes forme une encyclopédie. Dans chaque volume, chaque sujet est traité à fond. De plus chaque volume est accompagné de documents, de tables de références, de tables statistiques, etc., qui sont d'un usage précieux.

Il suffit d'avoir sous les yeux un seul de nos volumes pour se rendre compte de l'importance de notre collection et des services qu'elle rend.

Tous les volumes de la collection sont rédigés avec le même soin, d'après la même méthode et dans le même but d'utilité.

N. B. **Le Livre pour tous** *peut être mis dans toutes les mains. C'est la meilleure récompense à donner aux élèves dans toutes les écoles. C'est la collection la plus utile à tout le monde.*

L'éditeur-gérant : L. BOULANGER.

Sceaux. — Imp. Charaire et Cie.

Fin d'une série de documents
en couleur

LES MITRAILLEUSES

ET

LES PIÈCES DE CAMPAGNE

LES MITRAILLEUSES

ET

LES PIÈCES DE CAMPAGNE

La mitrailleuse est née du besoin qui s'est fait sentir, de créer un instrument capable de remplacer et même de perfectionner les effets de l'ancienne mitraille, qu'on avait à peu près abandonnée, jusqu'au jour où les boîtes à balles et les schrapnells sont entrés dans le domaine de la pratique.

De là, son nom, bien mérité d'ailleurs, car elle la remplace avantageusement.

Dans aucun pays, pourtant, la mitrailleuse n'est classée comme une arme de bataille; c'est un en-cas, une précaution pour répondre à certaines circonstances qui peuvent se présenter en campagne, lorsqu'il est du plus grand intérêt de pouvoir tirer très vite un nombre considérable de projectiles; comme par exemple lorsqu'on veut défendre les approches d'une fortification passagère ou d'un défilé non fortifié; aussi lorsqu'il s'agit de repousser une charge de cavalerie; de même que, sur mer, lorsqu'il faut défendre un navire contre les attaques des torpilleurs.

Ce sont les Américains, gens de progrès avant tout, qui ont inauguré l'emploi de cet engin destructeur, pendant les horreurs de leur guerre fratricide.

Divers types ont été employés chez eux, ou tout au moins expérimentés; car la plupart étaient incapables d'un bon service. Nous ne nous attacherons pas à les étudier tous, ce qui serait sans intérêt, même rétrospectif, nous ne nous occuperons que des plus connus.

MITRAILLEUSE AGAR

La mitrailleuse Agar, qui se montra l'une des premières, était une application, en plus grand, du système du revolver.

Elle n'a qu'un seul canon autour duquel les chambres, chargées d'avance, viennent déposer leurs cartouches, par un mouvement de rotation.

Mais ce mouvement est tellement précipité qu'en moins de vingt minutes le canon est chauffé à blanc, par la continuité du tir, et qu'il est impossible de s'en servir davantage avant de l'avoir laissé refroidir.

MITRAILLEUSE BRAME

La mitrailleuse Brame, sorte de canon-revolver qui apparut quelque temps après comme un perfectionnement, repose aussi sur le principe à répétition du revolver.

Il se compose d'un tambour à six ou huit canons, selon les modèles mis en service, disposés autour d'un cylindre qui tourne sur son axe, à l'aide d'une manivelle que fait mouvoir un des servants, de façon que chaque tube-magasin vienne s'adapter successivement devant le canon central, où la charge s'engage et part au moyen d'une autre manivelle.

L'affût à roues sur lequel était montée cette mitrailleuse portait, d'un côté, un panneau blindé qui mettait les servants à l'abri de la mousqueterie.

C'était le seul côté excellent de cette pièce qui ne donna

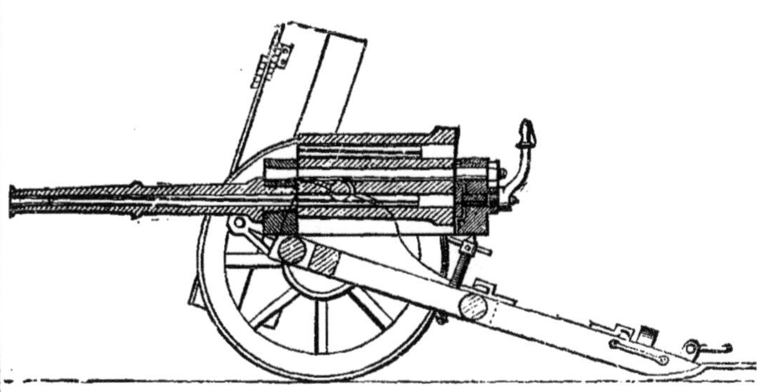

Mitrailleuse Brame, vue de profil.

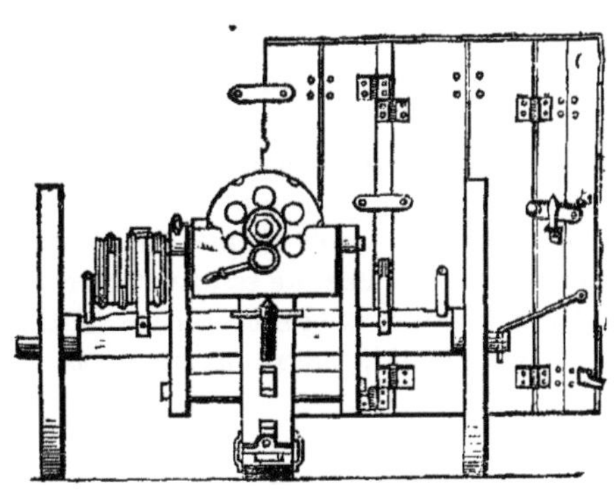

Mitrailleuse Brame, vue de face.

que des résultats médiocres, mais qui fut cependant assez employée pendant la guerre de Sécession, que les inventeurs américains pourraient appeler guerre d'expérimentation.

CANON-REVOLVER MOYAL

Vient ensuite la mitrailleuse Moyal, qui prit le titre de canon-revolver : elle répondait, du reste, parfaitement à ce titre.

Dans ce système, l'âme du canon est en face d'une plate-forme verticale, tournant autour d'un axe horizontal, et percée de trous, pour recevoir les charges. Dans ces trous se loge une gargousse renfermant aussi le projectile, de sorte que le service de la pièce ne demande pas d'autre opération que celle de faire tourner la plate-forme d'un cran, à chaque coup que l'on veut tirer.

Au fur et à mesure que la plate-forme se déplace, les cartouches, posées à la main dans un couloir, sont saisies par un refouloir mécanique qui les pousse dans un des trous, en même temps qu'un écouvillon nettoie le trou qui vient de servir.

Tout se faisait mécaniquement dans cet appareil, le feu lui-même était communiqué au canon par une pile électrique.

Il ne paraît pas cependant avoir donné des résultats bien brillants, puisqu'on en a tout de suite essayé d'autres, notamment la mitrailleuse Claxton, et la mitrailleuse Gattling, qui n'arriva, du reste, que quand la guerre fut terminée.

MITRAILLEUSE BELGE

La mitrailleuse Claxton, plus connue sous le nom de mitrailleuse belge, apparaissait en Europe, perfectionnée après

Canon-revolver Moyal.

son emploi dans la guerre de Sécession, à peu près à l'époque où notre mitrailleuse de Meudon était encore enveloppée de ses demi-mystères, qui n'en étaient vraisemblablement pas pour le colonel Claxton, puisqu'il prétendait faire mieux que le colonel de Reffye.

C'est à Liège qu'on en expérimenta les divers types ; car l'inventeur, se basant sur la légèreté de sa machine, avait divisé son système en trois catégories de pièces, les deux premières du calibre de 25 millimètres portaient le nom d'*artillerie à bras*, et la troisième, du calibre de 11 millimètres, était appelée *infanterie mécanique*, parce qu'un homme seul pouvait manœuvrer et transporter la pièce sur une sorte de brouette-affût, dont le caisson contenait 750 cartouches.

L'expérience fut assez concluante (on tira jusqu'à 120 coups à la minute) pour que la pièce fût adoptée, avec quelques modifications (surtout l'augmentation du nombre des canons), sous le nom de mitrailleuse belge, par lequel elle est plus généralement connue.

Elle se compose de 37 canons de fusil rayés, réunis en faisceau et enveloppés dans une gaine en fonte de fer qui donne à la pièce l'apparence d'un canon.

Elle se charge, par l'introduction à l'arrière de l'enveloppe de fonte, d'un disque portant 37 cartouches, placées de façon à entrer toutes à la fois dans les canons.

On approche alors du disque, au moyen d'un levier à main, l'appareil à percussion dont le choc contre les cartouches détermine l'explosion de la poudre, et les 37 coups partent à la fois, le disque est enlevé vivement et remplacé par un autre tout chargé, celui-ci une fois vidé, l'est lui-même par un troisième, et ainsi de suite tant que les besoins du tir l'exigent, et tout cela se fait très vite, car on peut, dans l'espace d'une minute, décharger trois disques de chacun 37 cartouches, ce qui fait justement 296 balles.

C'est bien quelque chose, mais on a essayé mieux encore

et beaucoup d'autres espèces de mitrailleuses sont apparues successivement et ont été expérimentées dans tous les pays.

Celles dont on a le plus perlé, après la mitrailleuse française dite de Meudon (du lieu où les essais en furent faits), sont la mitrailleuse américaine, ou mitrailleuse Gattling, et la mitrailleuse Montigny.

MITRAILLEUSE FRANÇAISE

L'appareil inventé par le colonel de Reffye et dont le nom réglementaire est « canon à balles » est excessivement ingénieux et mérite à ce titre une étude détaillée.

Son âme est formée par un faisceau de ving-cinq canons, plus gros que les canons de fusil, et assemblés par cinq de rang, de façon à former un carré, circonscrit par quatre planches de fer forgé de huit millimètres d'épaisseur, fortement boulonnées ; les canons brasés entre eux, le sont également avec les plaques, de façon à ne former qu'un seul bloc.

Les angles de ce parallélipipède sont abattus sur un tour, après quoi il est porté à la fonderie pour y être recouvert d'une enveloppe de bronze qui lui donne la forme d'un canon ; lequel est tourné, foré, rayé, comme les autres pièces, avec cette différence que chaque canon reçoit dix rayures au pas de cinquante centimètres.

Avec cette différence, aussi, que la pièce se termine par une cage de fonte et ne faisant qu'un corps avec elle, destinée à renfermer, d'avant en arrière, la culasse mobile qui reçoit les 25 cartouches.

Empruntons maintenant à M. Turgan, qui est une autorité dans la matière, la description de cette culasse et du mécanisme de la pièce.

« De la face antérieure s'avance quatre tiges ou *guides*

entrant dans quatre trous de l'enveloppe de bronze, et qui servent à maintenir le cintrage de la culasse mobile. La face supérieure porte une poignée, pour faciliter l'enlèvement de la culasse, des deux faces latérales sortent des crochets qui servent, dans les manœuvres, à suspendre la culasse mobile à l'affût.

« Derrière la culasse mobile est placé le système de percussion, qui glisse d'arrière en avant, entre les joues de la cage, sous la pression d'une grosse vis à manivelle. Il comprend, d'arrière en avant, une *boîte à ressort* en acier, percée de 25 trous où sont logés les ressorts à boudin, à l'intérieur desquels une sorte de chandelier en cuivre, nommé *tetine*, reçoit la tige postérieure des percuteurs. Les percuteurs sont élargis en embase de manière à appuyer sur les ressorts à boudin; cette pression s'exécute au moyen d'une plaque en bronze, dite plaque de 14, parce que son épaisseur est de 14 millimètres.

« Les trous dont elle est percée sont assez larges pour laisser passer le *porte-aiguille*, mais assez étroits pour retenir l'embase des percuteurs; par conséquent, lorsque la vis appuie la boîte à ressort sur la plaque de 14, les ressorts se trouvent bandés.

« Toujours en marchant d'arrière en avant, après la plaque de 14, on trouve la boîte en bronze qui renferme la *plaque de déclanchement*, mobile de gauche à droite, suivant une vis mue par une manivelle placée à la droite de la cage.

« Cette plaque de déclanchement est percée de trous, disposés de telle manière que la cartouche ne donne pas une obturation complète.

« Rien n'est donc plus simple que la manœuvre de ce système. »

Voici, en résumé, comment s'exécute le tir du canon à balles: on commence par mettre sur ses pieds en arrière et à droite de l'affût, une caisse servant de couvercle à un *déchargeoir* que l'on pose à côté; sur la face supérieure de cette

Mitrailleuse française, de Reffye.

caisse-couvercle, sont ménagées quatre crapaudines dans lesquelles on place les quatre guides de la face antérieure de la culasse mobile ; sa face postérieure se trouve donc ainsi bien disposée pour recevoir les 25 cartouches qui tombent naturellement dans les trous de la culasse au sortir de la boîte carrée qui les contenait, et que l'on appuie sur cette face postérieure, devenue supérieure par la position renversée de la culasse mobile sur la caisse-couvercle.

On insère cette culasse alors chargée dans l'espace ménagé entre le système de percussion et les canons.

En faisant mouvoir, au moyen de la manivelle, la grosse vis de l'arrière, on avance la boîte à ressort jusqu'à ce qu'elle ait rencontré la plaque de déclanchement qui, appuyant sur l'extrémité du porte-aiguille, agit sur les ressorts et les maintient bandés. La vis continuant à marcher rapproche également la culasse mobile du canon, pendant que les quatre guides de la face antérieure de la culasse mobile, s'enfonçant dans les trous qui leur sont destinés, amènent exactement les cartouches en face de chacun des 25 canons.

Lorsque la vis est arrivée à la fin de sa course, toutes les pièces du canon à balles se trouvent juxtaposées et maintenues strictement par la vis, dont la solidité est assurée à l'arrière par un gros écrou de bronze.

En faisant tourner la manivelle de la vis de déclanchement, les aiguilles dégagées dans un ordre donné, viennent frapper l'une après l'autre l'amorce des cartouches, et le tir, qui se succède canon par canon, peut cependant être assez précipité pour que les vingt-cinq décharges paraissent presque simultanées.

Pendant ce tir, un autre servant a chargé l'une des culasses de rechange, au moyen d'une autre boîte ; après le tir, la grosse vis de l'arrière est rapidement desserrée ; on enlève la culasse portant les cartouches vides, on la remplace par la culasse aux cartouches pleines et le tir continue ainsi au moyen de quatre culasses de rechange.

Comme on le voit, c'est expéditif et pratique à tous les points de vue, puisqu'à la distance de mille mètres, le tir d'une mitrailleuse couvre absolument une superficie de cinq cents mètres carrés, de façon à n'y pas laisser, en peu d'instants, un seul être vivant.

Et pourtant on a trouvé plus fort que cela!

MITRAILLEUSE MONTIGNY

La mitrailleuse Montigny n'est qu'une imitation, quelques-uns disent même une contrefaçon belge de la mitrailleuse française; elle a été perfectionnée par le major Forberry et M. Metford, et expérimentée avec succès à Liège en 1869.

Nous ne la décrirons pas, à cause de sa ressemblance avec la précédente.

Elle n'en diffère, d'ailleurs, qu'en ce que la manœuvre des culasses mobiles s'y fait avec des leviers au lieu d'une manivelle, et que la plaque de détente est pleine au lieu d'être percée de trous, ce qui fait qu'on est obligé de la faire descendre de façon à démasquer successivement l'orifice des canons, qui sont au nombre de 37, comme dans la mitrailleuse belge, au lieu des 25 dont se compose le canon à balles français.

La manœuvre en doit être très facile, puisque cette pièce peut faire à la minute treize décharges qui lancent 481 balles.

MITRAILLEUSE GATTLING

La mitrailleuse Gattling diffère complètement des autres pour la forme, du moins, qui ne se rapproche pas du tout de celle du canon.

C'est un immense revolver composé de six canons de très fort calibre, qui sont animés d'un mouvement par une manivelle tournée par un des servants, et viennent passer succes-

Mitrailleuse Gattling.

sivement devant l'aiguille, qui, faisant office de percuteur, détermine l'explosion.

Son mécanisme est donc réduit à un excentrique, qui a pour triples fonctions : de retirer les culots des cartouches vides, de repousser l'aiguille quand elle a fonctionné, et de conduire dans les canons les cartouches qu'un des deux servants lui fournit constamment, car le tir de la mitrailleuse américaine est continu ; son seul inconvénient est dans la mobilité des canons qui empêchent d'obtenir une grande précision dans le tir.

Néanmoins les diverses expériences qu'on en a faites ont donné ce qu'on appelle de *bons* résultats.

On s'en est, du reste, aperçu pendant le second siège de Paris, où l'on en a fait un usage *trop* étendu.

MITRAILLEUSE HOTCHKISS

La mitrailleuse Hotchkiss passe, jusqu'à présent du moins, malgré les merveilles que les Anglais disent de leur Nordenfeld, pour la meilleure de toutes ; aussi, bien que d'invention assez récente, est-elle adoptée presque partout.

Il est vrai que cette mitrailleuse est aussi un canon et qu'elle peut jouer indifféremment les deux rôles selon son adaptation.

L'ingénieur américain qui a trouvé cela ne cherchait d'abord qu'un canon-revolver, s'ajustant sur un affût fixe, au bordage des vaisseaux, pour combattre le bateaux-torpilleurs, et il a si bien réussi que, dès 1879, la France adoptait son engin pour sa marine, comme l'ont fait depuis la Russie, la Hollande, le Danemark, la Grèce, et même l'Allemagne, malgré ses canons Krupp.

Le canon-revolver se compose de cinq tubes, montés parallèlement l'un à l'autre, autour d'un axe central.

Ces tubes, placés entre deux disques de bronze, forment un groupe disposé pour tourner devant une culasse, contenant les divers mécanismes du chargement, de l'inflammation et de l'extraction de la douille des cartouches tirées.

Jusqu'à présent on en a fait de trois modèles : deux affectés spécialement à la marine et le plus récent, monté sur un affût roulant, pour servir à l'armée de terre.

Dans le premier type les tubes du canon ont 37 millimètres de diamètre, presque le triple de l'ancienne mitrailleuse, et l'ensemble muni de tourbillons est monté sur un affût spécial en bronze, fixé sur le plat-bord du navire à peu près comme un étau de serrurier, mais portant une douille, également de bronze, qui permet au canon de se mouvoir horizontalement et verticalement pour les besoins du pointage.

Deux hommes suffisent au service de la pièce : le tireur, qui pointe horizontalement le canon en faisant agir avec son épaule la crosse qui le termine, et verticalement, en se servant d'une poignée qu'il tient de la main gauche, de façon à conserver sa droite libre pour faire manœuvrer la manivelle fixée au côté de la pièce, — et le chargeur qui fait glisser les cartouches projectiles dans un couloir de la culasse, d'où elles viendront se présenter d'elles-mêmes aux canons, quand la pièce sera en action.

Cette action est donnée par la manivelle, à laquelle le tireur fait faire un cinquième de tour, mouvement suffisant pour agir sur le mécanisme renfermé dans la boîte de culasse.

Ce mécanisme se compose d'un ressort qui, poussant brusquement un percuteur en acier, à peu près semblable à ceux des fusils chassepot, le fait frapper sur l'amorce de la cartouche de façon à l'enflammer, et à faire partir le coup.

L'opération commence par celui des cinq canons qui se trouve placé au bas du faisceau, et ce canon n'est pas plus tôt déchargé, que la manivelle le fait tourner autour de l'axe, et l'amène devant un extracteur qui arrache le culot de la cartouche vide, au moment même où un second canon recevra sa cartouche; celui-ci, tiré, fera le même mouvement, de façon qu'au cinquième coup, le premier canon tournant toujours par cinquième de tour, arrivera juste en face du couloir où se trouve la cartouche qui lui est destinée.

Et ainsi de suite sans interruption, ce qui permet de tirer

Mitrailleuse Hotchkiss.

de 60 à 80 coups à la minute, c'est-à-dire de lancer, si les munitions ne manquent pas, de 3,500 à 4,800 obus par heure, car c'est là surtout qu'est la supériorité de la nouvelle mitrailleuse, c'est qu'elle lance des obus et que sa portée atteint jusqu'à 5,000 mètres.

C'est à cause de cela qu'on a créé tout de suite les deux autres types dont nous avons déjà parlé, et qui ne diffèrent d'ailleurs que par le calibre des canons.

Dans le premier, affecté également au service de la marine, l'âme du canon est de 47 millimètres; ce qui lui permet de lancer des obus respectables.

Il faut un homme de plus pour servir cette pièce, car le tireur ne pourrait pas à la fois mouvoir la manivelle et pointer; le troisième servant a donc pour mission de tourner la manivelle, mais comme il faut que le tir de la pièce soit entre les mains du pointeur, la manivelle ne fait que déplacer les canons sans pouvoir faire partir le coup, le percuteur étant mû seulement par une détente adoptée à une crosse de pistolet placée sous le canon, et que le tireur presse à sa volonté.

Dans le deuxième type, approprié au service de l'armée de terre, la mitrailleuse est montée sur un affût de campagne exactement comme les pièces ordinaires.

Les canons ont 42 millimètres de diamètre intérieur et l'ensemble pèse 475 kilogrammes, presque autant que la pièce de 7 de Reffye.

Quant aux projectiles du canon-revolver Hotchkiss, ils sont de trois sortes : un boulet ogival en acier à pointe durcie, destiné à perforer les cuirasses des bateaux-torpilleurs ;

Un obus explosif, en fonte, fermé d'une fusée percutante,

Et une boîte à mitraille, renfermant une vingtaine de balles placées par couches alternativement avec un rang de poudre.

MITRAILLEUSE MAXIM

Il y a encore de plus nouveau que les Hotchkiss, c'est le canon à répétition Maxim, qui se fabrique à Paris dans les ateliers de la maison Bariquand, et dont le colonel Hennebert a donné la description suivante.

« M. Maxim, dit-il, dans les *Merveilles de l'artillerie*, vient d'inventer un canon à tir rapide, et de plus automatique. Le principe d'organisation en est original.

« La grande vitesse initiale des projectiles implique grande vitesse de recul du système canon-affût. Or, celle-ci développe une puissance vive de recul, laquelle se trouve ordinairement absorbée par les frottements, la contrepente des plate-formes, les chocs et les freins; les effets de cette force sont généralement nuisibles; ils se produisent, en tous cas, en pure perte. M. Maxim a eu l'idée d'en tirer parti.

« Le *recul*, telle est la force motrice employée, et c'est la première fois qu'on utilise réellement cette force. En ce qui concerne l'économie générale de la pièce on va voir qu'elle est fort ingénieuse.

« Le canon à répétition Maxim, à tir rapide et automatique, est du calibre de 37 millimètres. La partie renflée, qui comprend la *chambre aux projectiles*, est solidement assemblée entre deux flasques d'acier qui servent de support et de guide à la culasse mobile. Cette culasse, qui renferme tout l'appareil de percussion — chien, détente, gâchette, etc., — est dite *mobile*, attendu qu'elle peut méthodiquement glisser sous l'action d'un arbre coudé qui tourne entre les flasques. A cet arbre est adapté une poignée, à l'aide de laquelle l'opérateur manœuvre avec la plus grande facilité, tout le mécanisme de culasse. Flasques et canon sont disposés de manière à se mouvoir aussi par glissement, dans une enveloppe en bronze, dont font partie les tourillons. Ceux-ci articulent dans un support pivotant, d'où il suit que le champ de tir mesure 360 degrés d'amplitude.

« Les cartouches à obus du canon Maxim de 37 millimètres sont insérées, l'une à la suite de l'autre, dans une ceinture de toile (*canvas belt*) et elles y sont fixées séparément par des pattes à œillet. Organes et munitions de l'appareil, tout se trouve à portée du pointeur servant. Nous disons bien du pointeur servant, car le service de la bouche à feu ne demande qu'un seul canonnier, et cet homme n'a besoin que d'une main.

« Le tir peut s'exécuter de deux façons différentes : à la main ou automatiquement; et cela, à volonté. Dans le premier cas le pointeur servant n'à qu'à manœuvrer une gâchette indépendante de la culasse; dans le second, la pièce obéit au mouvement de l'arbre coudé qui, lui-même, se meut sous l'action de la force du recul. Toutefois, si l'on veut procéder par voie de fonctionnement automatique, il est indispensable d'amorcer l'appareil, c'est-à-dire de tirer le premier coup à la main.

« Alors voici comment les choses se passent :

« Le pointeur servant manœuvre la poignée de l'arbre coudé commandant tout le mécanisme de culasse, et introduit dans le canon le premier obus de la ceinture ou bande cartouchière. Ce chargement effectué, il agit sur la gâchette, le coup part. Qu'advient-il? Immédiatement après le moment du départ de ce premier projectile, le recul actionne le canon et les flasques qui, nous l'avons dit, sont capables d'un petit mouvement de translation dans leur enveloppe. Cette force motrice du recul agit ensuite sur l'arbre coudé, qui exécute alors deux demi-tours complets.

« Durant le premier demi-tour, la culasse mobile marche en arrière, extrait l'étui vide (provenant d'un coup antérieurement tiré) et prend dans le *distributeur* une cartouche chargée. Au cours de l'exécution du second demi-tour, l'étui vide est rejeté, la cartouche chargée s'introduit dans le canon et le canon revient à sa place, en amenant une nouvelle cartouche dans le distributeur.

« Et ainsi de suite, le tir continue automatiquement à une vitesse qu'on règle à volonté ; et dont le maximum peut atteindre deux cents coups à la minute, soit plus de trois à la seconde.

« Il est essentiel d'ajouter que le pointeur servant peut arrêter le mouvement, quand il le juge utile, à l'effet de modifier la direction du tir. La nouvelle direction une fois assurée, cet opérateur tire derechef, un premier coup à la main, et le mouvement un instant interrompu, recommence.

« En somme, le principe de construction de l'appareil est ingénieux ; l'organisation en est simple, la pièce est légère, bien équilibrée ; la manœuvre est bien loin d'en être compliquée ; le tir automatique en est rapide.

« Le canon à répétition Maxim, de 37 millimètres, est appelé à rendre de grands services, principalement à la marine. On connaît l'importance du problème de la protection des navires de guerre contre l'attaque des torpilleurs, lesquels marchent à la vitesse de 25 nœuds. Or, le nouveau canon satisfait à toutes les conditions d'une défense rationnelle.

« M. Maxim a fait deux autres canons semblables, des calibres de 47 et 57 millimètres. Il construit, en ce moment, un canon de 125, qui, si l'on s'en rapporte aux résultats des expériences faites jusqu'à ce jour, promet de se bien comporter. »

Cette invention est encore trop nouvelle pour avoir fait beaucoup parler d'elle, mais elle doit réussir, car c'est de la mécanique appliquée à l'artillerie.

LES PIÈCES DE CAMPAGNE

Comme nous l'avons dit, les mitrailleuses ne sont qu'un en-cas, le complément du matériel de campagne, terminons cette étude par un aperçu sur les diverses pièces en service dans les armées européennes, ou tout au moins les plus connues et les plus différentes, telles que le canon anglais Armstrong, le canon allemand Krupp, le canon autrichien Uchatius, le canon espagnol Plasencia et le canon français de Bange [1].

CANON ARMSTRONG

Le canon Armstrong, en service dans l'armée anglaise comme pièce de campagne, est naturellement du même système que les pièces de gros calibre de la même manufacture, sauf une petite différence, qui est d'ailleurs un perfectionnement apporté dans la fermeture, laquelle se fait toujours au moyen d'un bloc-clavette, mais ce bloc n'est plus le porte-lumière, comme dans les autres pièces de fabrication plus ancienne.

La rayure, que les Anglais appellent rayure *schunt*, n'est qu'une modification du système français, puisque ce système consiste à diminuer la largeur de la rayure, au fur et à mesure de la bouche du canon.

C'est ce qu'on appelle, chez nous, la rayure fuyante, qui a sa raison d'être pour certains projectiles, mais que l'on n'emploie pas, parce qu'on préfère la rayure progressive.

L'affût Armstrong est en tôle de fer, ce qui est à la fois plus léger et plus solide que les affûts des autres pièces, mais il ne porte point de vis de pointage.

Ce système, en usage partout, est remplacé dans l'artillerie anglaise par un levier articulé, que l'on met en œuvre au moyen d'une roue en cuivre.

CANON KRUPP

Les pièces de campagne en service dans l'armée allemande sont de deux sortes : canon le lourd modèle de 1873,

1. Nous parlerons des canons avec plus de détails dans une brochure spéciale (n° 11 de la collection).

Pièce de campagne Armstrong (Angleterre).

de 9 centimètres de calibre, et le canon léger de 8 centimètres, qui est plus spécialement destiné à accompagner les divisions de cavalerie.

A cela près, ils se ressemblent par leurs affûts, avant-train, caisson à munitions et autres accessoires, qui sont aussi des modèles de 1873, c'est-à-dire que ce n'est point le type que nous avons tous vu et trop vu, même.

L'affût est à peu près le même que le nôtre, et que tous les autres.

Un affût roulant, d'ailleurs, se compose d'un châssis rectangulaire en charpente, dont la partie qui supporte le canon par les tourillons est posée sur un essieu muni de deux roues.

Cette charpente se termine par une queue qu'on appelle la crosse et qui sert de troisième point d'appui à la pièce. Cette crosse, qui repose à terre quand la pièce est en batterie, porte à son extrémité un anneau de fer par lequel on l'accroche à l'avant-train, muni de deux roues (quand la pièce est attelée) et qui sert aussi à faire passer un levier, pour la manœuvrer plus parfaitement quand elle est à terre.

Les parties jumelles qui reçoivent la pièce, portée sur ses tourillons, s'appellent *flasques*, et l'échancrure pratiquée à leur partie supérieure, pour recevoir les tourillons, se nomme encastrement.

Vers le milieu de la longueur de la queue de l'affût, se trouve une vis terminée par une poignée cintrée, sur laquelle s'appuie la culasse et qu'on appelle *vis de pointage*. C'est en effet au moyen de cette vis que l'on règle la position, plus ou moins inclinée de la pièce, selon le tir que l'on veut obtenir. La seule chose qui distingue l'affût des pièces allemandes, est une barre de fer, qui allant de l'essieu à la charpente donne plus de solidité à la pièce lorsqu'elle est en batterie.

Ces pièces sont en acier rayées à pas constant de rayures cunéiformes; leur système de fermeture est le système Krupp, à coin cylindro-prismatique.

Le canon lourd tire à 7 kilomètres avec une charge de

Pièce de campagne Krupp (Allemagne).

1 kilog. 500 de poudre, un obus de 7 kilogrammes; le canon léger n'emploie qu'une charge de 1 kilogramme 250 grammes, pour chasser un obus de 5 kilogrammes, dont la portée maximum ne dépasse pas 4 kilomètres.

CANON UCHATIUS

Le canon Uchatius, employé dans l'armée austro-hongroise, est d'un métal spécial, que son inventeur, le général d'Uchatius, appelle le bronze-acier.

Sa fermeture, qui se rapproche beaucoup de celle du canon de campagne Krupp, en ce qu'elle se fait aussi sur le côté, se compose d'un coin prismatique en bronze-acier, qui n'est autre chose qu'un verrou, mais assez léger pour qu'un homme seul puisse l'enlever pour démasquer le trou de culasse et permettre d'introduire la charge, et le replacer lorsque le canon est chargé.

Ce verrou, muni du côté de la manœuvre, d'une manivelle qui permet de le faire tourner, de façon à ce que l'écrou qui le termine s'encastre dans la rainure pratiquée exprès de l'autre côté du canon, passe au milieu d'une bague en cuivre rouge, essentiellement mobile, puisqu'elle fait l'office d'obturateur et ferme hermétiquement l'arrière du canon, de manière à empêcher la sortie des gaz qui se forment au moment de l'explosion de la poudre.

L'affût autrichien des nouvelles pièces, modèle Uchatius, se compose de deux flasques convergentes en tôle d'acier, renforcés sur tout leur pourtour d'un rebord en fer, tourné vers l'intérieur.

L'essieu, en acier, est garni de chaque côté de la pièce, d'un caisson destiné à servir de siège aux servants, qui s'y placent les jambes tournées du côté de la bouche du canon et peuvent trouver un point d'appui, au moyen de poignées fixées à la partie supérieure des flasques.

Pièce de campagne Uchatius (Autriche).

C'est la seule innovation de ce système, reste à savoir si elle est bien pratique ; en tout cas elle ne donne pas de grâce à la pièce, dont les roues à moyeux métalliques sont sensiblement plus basses que les roues des affûts français.

CANON PLASENCIA

Le colonel Plasencia, inventeur des canons en service dans l'armée espagnole, a mis à contribution à peu près tous les systèmes connus jusqu'alors, et leur a emprunté naturellement ce qu'ils avaient de meilleur.

C'est ainsi qu'il a adopté pour métal le bronze comprimé ou bronze-acier, mis en lumière par la fabrication des canons autrichiens, et comme principe de fermeture le bouchon de culasse de nos canons de la marine, si légèrement modifié que ce n'est guère la peine d'en parler.

Du moins pour le gros modèle, et le modèle mixte, du calibre de 12 centimètres, car il paraît que pour la pièce de campagne, qui a les dimensions de notre ancien canon de Reffye et la forme du canon Uchatius, il y a un système de fermeture spécial ; l'obturateur, du reste, est changé, c'est un disque d'amiante, posé entre deux disques d'étain ou de laiton par des attaches d'acier, mais il n'est pas plus nouveau pour cela, car c'est tout à fait l'obturateur de Bange, mais moins soigné, car dans le système français la galette d'amiante imbibée de suif de mouton, est enfermée dans une enveloppe en toile, indépendamment des deux coupelles d'étain.

CANON FRANÇAIS

Nos pièces de campagne actuelles, toutes du système de Bange, le plus complet, le plus parfait de tous, sont de deux calibres.

Le canon de 90 millimètres pour appuyer l'infanterie et le

Canon Plasencia (Espagne).

canon de 80, dont sont armées toutes les batteries à cheval de l'artillerie; il y a bien aussi le canon de campagne de 80, mais il ne diffère de l'autre que parce qu'il est organisé pour passer à peu près par tous les chemins et même pouvoir se démonter pour être transporté à dos de mulet.

Le canon de 90 lance à 7 kilomètres un obus de 8 kilogrammes, avec 1 kilogr. 800 de poudre; le canon de 80 a la même portée, mais son obus chassé seulement par 1,500 grammes de poudre ne pèse que 5 kilogr. 500.

Nous venons de décrire l'obturateur de Bange, son système de fermeture de culasse, qui se compose d'une vis à filets trois fois interrompus, pouvant se visser dans un écrou correspondant, est aussi parfait.

Les affûts de Bange sont construits de façon que le métal qui les compose travaille par flexion et non par compression; il s'ensuit que, bien que très légers, ils sont capables d'une grande résistance, le recul en est limité, soit par des sabots d'enrayage, soit par des freins à pompe.

L'affût des pièces de 90, dont sont armées aujourd'hui toutes les batteries montées, ne comporte pas de siège sur l'essieu, ce qui est d'ailleurs parfaitement inutile, car les trois servants assis sur l'avant-train sont bien suffisants pour commencer le feu avant l'arrivée de leurs camarades, assis sur le caisson.

Cet allégement de la pièce proprement dite n'est pas sans importance, du reste tout est étudié avec le soin le plus scrupuleux, et la plus parfaite compétence dans le système de Bange.

Et c'est précisément ce qui fait sa supériorité.

L. HUARD.

TABLE DES MATIÈRES

Sceaux. — Imp. Charaire et Cie.

www.ingramcontent.com/pod-product-compliance
Ingram Content Group UK Ltd.
Pitfield, Milton Keynes, MK11 3LW, UK
UKHW021057270726
13967UKWH00012B/2408